BEI GRIN MACHT SICH IHR WISSEN BEZAHLT

- Wir veröffentlichen Ihre Hausarbeit, Bachelor- und Masterarbeit

- Ihr eigenes eBook und Buch - weltweit in allen wichtigen Shops

- Verdienen Sie an jedem Verkauf

Jetzt bei www.GRIN.com hochladen und kostenlos publizieren

Bibliografische Information der Deutschen Nationalbibliothek:

Die Deutsche Bibliothek verzeichnet diese Publikation in der Deutschen National-
bibliografie; detaillierte bibliografische Daten sind im Internet über http://dnb.d-
nb.de/ abrufbar.

Dieses Werk sowie alle darin enthaltenen einzelnen Beiträge und Abbildungen
sind urheberrechtlich geschützt. Jede Verwertung, die nicht ausdrücklich vom
Urheberrechtsschutz zugelassen ist, bedarf der vorherigen Zustimmung des Verla-
ges. Das gilt insbesondere für Vervielfältigungen, Bearbeitungen, Übersetzungen,
Mikroverfilmungen, Auswertungen durch Datenbanken und für die Einspeicherung
und Verarbeitung in elektronische Systeme. Alle Rechte, auch die des auszugsweisen
Nachdrucks, der fotomechanischen Wiedergabe (einschließlich Mikrokopie) sowie
der Auswertung durch Datenbanken oder ähnliche Einrichtungen, vorbehalten.

Impressum:

Copyright © 2016 GRIN Verlag, Open Publishing GmbH
Druck und Bindung: Books on Demand GmbH, Norderstedt Germany
ISBN: 9783668453036

Dieses Buch bei GRIN:

http://www.grin.com/de/e-book/366519/ruhesitzmigration-in-internationaler-per-
spektive-deutsche-auf-mallorca

Charlott Zitschke, Jan-Erik Puschmann

Ruhesitzmigration in internationaler Perspektive. Deutsche auf Mallorca und den Balearen

GRIN Verlag

GRIN - Your knowledge has value

Der GRIN Verlag publiziert seit 1998 wissenschaftliche Arbeiten von Studenten, Hochschullehrern und anderen Akademikern als eBook und gedrucktes Buch. Die Verlagswebsite www.grin.com ist die ideale Plattform zur Veröffentlichung von Hausarbeiten, Abschlussarbeiten, wissenschaftlichen Aufsätzen, Dissertationen und Fachbüchern.

Besuchen Sie uns im Internet:

http://www.grin.com/

http://www.facebook.com/grincom

http://www.twitter.com/grin_com

Friedrich-Schiller-Universität Jena

Sommersemester 2016

Institut für Geographie

Lehrstuhl für Wirtschaftsgeographie

GEO 225 – **Humangeographie I**

Ruhesitzmigration in internationaler Perspektive am Beispiel der

Deutschen auf Mallorca und den Balearen

Seminararbeit

vorgelegt von:

Charlott Zitschke / Jan-Erik Puschmann

Studiengang: Geographie/Sozialkunde (LA)

Semester: 4/4

Abgabedatum: 25.07.2016

Inhalt

1   Einleitung

Den Lebensabend einsam irgendwo in einem der vielen Pflegeheime im verregneten Deutschland verbringen? Für immer mehr Deutsche eine unangenehme Vorstellung und unbedingt verhindern wollendes Albtraumszenario. „Fast 40% Prozent der Bundesbürger können sich einen Ruhestand jenseits der deutschen Grenzen vorstellen" (CZYCHOLL 2014 o.S.). Die deutschen Senioren bevorzugen mehr denn je, die Zeit ihres Ruhestands, über die nationalen Grenzen hinweg, zu verbringen. Die Greisenzeit in der Sonne, am Meer zu genießen und zu altern wie im Urlaub ist längst die Realität. Daher erstaunt es auch nicht, dass die Mittelmeerregion immer attraktiver für Rentner und Pensionäre wird, aber auch andere Nachbarländer wie die Schweiz oder Polen liegen im Trend (siehe Abb. 1).

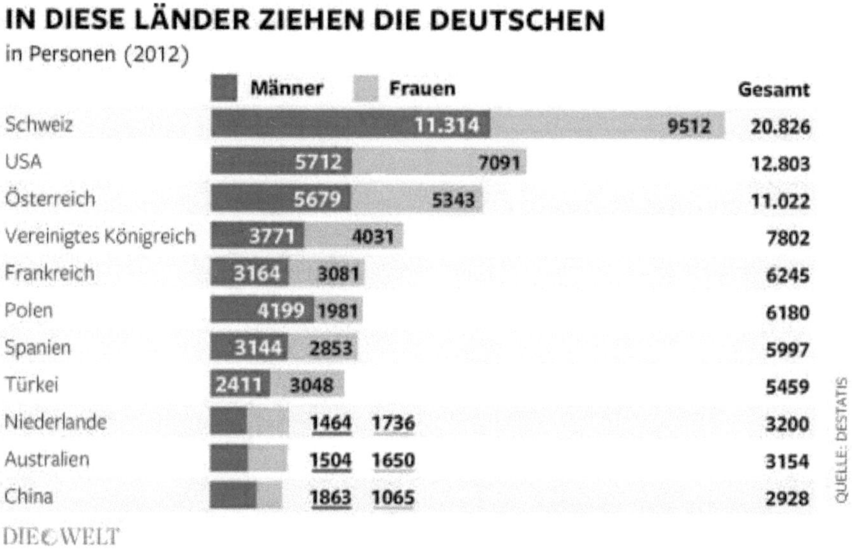

IN DIESE LÄNDER ZIEHEN DIE DEUTSCHEN

in Personen (2012)

Abb. 1: Beliebte Zielregionen der älteren deutschen Bevölkerung.
(aus: In diese Länder ziehen die Deutschen. <http://img.welt.de/img/altersvorsorge/crop127162570/2179731545-ci3x2l-w540/DWO-FI-Fortzuege-ag-3x2-3-.jpg> (Zugriff: 24.07.2016)).

Das Projekt des Zweitwohnsitzes ist mittlerweile fest etabliert und neuere Formen der Ruhesitzmigration kristallisieren sich heraus. Mehr und mehr rückt der Begriff der „Ruhesitzmigration" ins Blickfeld der deutschen, humangeographischen Forschung.

Das Ziel der vorliegenden Seminararbeit ist es, auf die bisher weniger bekannte transnationale Ruhesitzmigration in Europa aufmerksam zu machen und zu informieren. Wie ist der aktuelle Stand der Migrationsforschung? Vor welchen Problemen stehen die Wissenschaftler bei der Datenerhebung? Wie splittet sich die „retirement migration" genau auf, welches Verhältnis und Beziehungen haben Einheimische zu den Zugezogenen und umgekehrt? Dies ist lediglich ein Ausschnitt der Forschungsfragen, denen wir in dieser Seminararbeit nachgehen werden. Um diese besser klären zu können, werden wir uns auf die Untersuchungsregion Spanien beschränken und spezifischer die Forschungsregion Mallorca betrachten. Zudem liegen räumliche Unterschiede der Ruhesitzmigration vor, daher ist eine Spezialisierung zwangsläufig notwendig, um wissenschaftlich exakt arbeiten zu können. Zunächst wird das Phänomen der Ruhesitzmigration in Ansätzen erläutert. Anschließend werden die Schwierigkeiten der Datenerfassung ausländischer Migranten thematisiert. Die Schwierigkeiten der Verfügbarkeit von nationalen Statistiken wird im Zusammenhang mit der nicht aufeinander abgestimmten Struktur der jeweiligen Nationen erläutert. Zudem ist es notwendig, die explorativen Primärerhebungen als Grundlage der europäischen Migrationsforschung sowie die Rahmenbedingungen des gegenwärtigen Migrationsgeschehens darzulegen, um im Folgenden die Untersuchungsregion Spanien, spezifischer Mallorca, unter dem Schwerpunkt der Zusammensetzung der Altersmigranten, der Migrationsentscheidung und den Auswanderungsmotiven sowie die Auswirkungen auf die Migranten, die Quellregionen und Zielgebiete zu behandeln.

2   Begriffsklärung Ruhesitzmigration

In Deutschland häufen sich die Auswanderungsberichte und die Zahlen der Auswanderung steigen stetig an. Waren es im Jahr 2006 noch 639.000 Auswanderer, so verzeichneten die Statistiken 2015 bereits 997.500 Aussiedler (STATISTA 2016 o.S.). Diese Entwicklung der ansteigenden Emigration zeichnet sich ebenso in der Bevölkerungsgruppe der Senioren ab und hat in vielen Industriestaaten ein beachtliches Maß angenommen. Grenzüberschreitende Wanderungsbewegungen sind längst keine „one way journey" mehr (LESER 2014: 787). Die Ruhesitzmigration (auch genannt: retirement migration) bezeichnet das Phänomen der Wanderung älterer Individuen. Die Ortswechsel, und das damit einhergehende Aufsuchen der Altersruhesitze, werden zumeist über nationale Grenzen vollzogen. Wird die nationale Grenze überschritten, so wird der Ortswechsel für gewöhnlich als Außenwanderung oder internationaler Tourismus betitelt (SCHNEIDER 2010: 2). Die frei bestimmten Migrationen werden getätigt mit dem Ziel der Verbesserung der Lebensqualität. Anzumerken ist, dass sich verschiedene Motivationsfaktoren wie, wohnungsorientierte-, familienorientierte-, netzwerkorientierte Gründe überlappen und Altersmigranten weniger mit dem Hintergedanken der Erwerbsorientierung auswandern. (KAISER 2011: 21). Der Begriff Ruhesitzmigration kann als sehr heterogen angesehen werden, da dieser neben uni- und bidirektionalen Wanderbewegungen ebenso die permanenten oder temporären Migrationen beinhaltet. Gemäß der Kriterien Raum, Zeit, Motiv und Dimension lassen sich die Ruhesitzwanderungen typologisieren. Das Kriterium Raum unterscheidet zum einen nach der bewältigten Entfernung und zum anderen der dabei überschrittenen Grenzen. Die Ruhesitzmigration lässt sich demzufolge gemäß des Kriteriums Raum nach kontinentalen und interkontinentalen Absichten unterteilen. Das Abgrenzungsmerkmal Zeit, sprich die Dauer der Wanderbewegung, bedeutet die Unterscheidung zwischen temporärer und permanenter Altersmigration. Der dritte Typus, das Motiv der Wanderung, gibt die Beweggründe des Standortwechsels an und untergliedert die Ruhesitzmigranten ebenso. Neben Deutschland stammen viele Wanderströme aus Großbritannien, der Schweiz sowie Nord- und Mitteleuropa. Je nach Zielgebiet ergeben sich erhebliche Unterschiede, ob die Ruheständler permanent oder zeitweise migrieren (Vgl. KAISER 2002: 224). Im Folgenden werden die Schwierigkeiten der Datenerfassung ausländischer Migranten thematisiert, mögliche Probleme aufgezeigt und erläutert.

3 Schwierigkeiten der Datenerfassung ausländischer Migranten

Mit der ansteigenden Ruhesitzmigration gehen zwangsläufig erfassungstechnische Probleme und Unstimmigkeiten bezüglich der Registrierung ankommender Senioren einher, die neben den Behörden in den Zielregionen auch Forschungsprogramme vor die schwierige Aufgabe einer allumfassenden Überwachung solcher Auswanderungsdynamiken stellt. Dies zu garantieren, ist nahezu unmöglich und lässt sich auf viele Faktoren zurückführen, die nun weiter beleuchtet werden.

Seit den 1980er Jahren ist eine Veränderung der Altersmigration in der EU quantitativ und qualitativ bemerkbar. Einerseits nimmt eine mengenmäßig immer größer und differenzierter werdende Personengruppe an dem Ruhesitzmigrationsprozess teil, andererseits setzt eine qualitativ stärker werdende Beanspruchung bezüglich dieser Migrationsforschung ein, da die Verschiedenheit und individuell abhängigen Motive der Alterswohnsitzwahl zunehmen. So rücken neben nationalen immer mehr ausländische Zielregionen ins Blickfeld der Rentner, die untereinander mithilfe von Push- und Pullfaktoren verglichen werden und maßgeblich die Entscheidung für einen bestimmten Ruhesitz beeinflussen. Bis in die 1990er Jahre gab es keine angemessene wissenschaftliche Beachtung von deutscher sowie europäische Seite, da sich diesem Forschungsfeld, aufgrund unzureichender Bedeutung, nicht gewidmet wurde und kaum eigene Erfahrungen vorhanden waren. Zunächst wurde, aus Mangel an Grundlagenwissen bezüglich der Betrachtung neuartiger Migrationsströme, allein auf Erkenntnisse der US-amerikanischen Altersmigrationsforschung zurückgegriffen, bewertet und Bestandsaufnahmen von Ruhesitzmigrationsbewegungen nach diesen geordnet. Die ungeprüfte Übertragung der Ergebnisse auf nordamerikanische Studien ist problematisch und führte zu einer falschen Bewertung, aufgrund vorliegender kultureller Unterschiede zwischen der USA und der EU. Die ältere Generation der USA ist generell mobiler. Vergleicht man den Wohnortwechsel in den USA über die Bundesstaaten hinweg mit denen zwischen Ländern innerhalb Europas, weist die USA eine vierfach höhere Mobilität auf. Zudem wird die Standortflexibilität in den USA erleichtert durch das Nichtauftreten von Sprachbarrieren bei einem zwischenbundesstaatlichen Wohnortwechsel. Im Gegensatz dazu herrscht in Europa ein generelles Bestreben nach Standortkontinuität. Mögliche Gründe sind Sprachdifferenzen, nachteilige Veränderungen bezüglich der Steuer- und Gesundheitssysteme, sowie soziokulturelle Unterschiede. Das Interesse einer genauen wissenschaftlichen Analyse wuchs in den 1990er Jahren, da die Zahl der älteren Menschen, die in mediterrane Länder zogen, anstieg. So setzen sich Forscher zunehmend mit den Hintergründen der Ruhesitzmigration auseinander und gehen den Ursache-Wirkungszusammenhängen nach (KAISER 2011: 35f.). In-folge der europäisch geförderten Zusammenarbeit und Initiierung dreier spezialisierter Forscher (King, Williams und Warnes), bei der hauptsächlich britische, spanische und deutsche Wissenschaftler zusammenarbeiteten, wurden wesentliche Fortschritte bei der Betrachtung der Ruhesitzmigration erzielt und es konnten zahlreiche Publikationen veröffentlicht werden, die neue Ergebnisse offenbarten (HAAS 2015:32). Allerdings sah man sich insgesamt während der Forschungszusammenarbeit mit verschiedenen Problemen konfrontiert, die die Untersuchung erschwerten. Die Verfügbarkeit und die fehlende Einheitlichkeit nationaler Statistiken und soziodemographischer Quellen, wie Volkszählungen, Sterberegister, Einwohnermeldedateien, stellten ein Hindernis dar, denn es wird oft nach anderen Maßen und mit verschiedener Genauigkeit gemessen. So wird das tatsächliche Ausmaß der Migrationsbewegungen nicht exakt abgebildet. Die erschwerte Vergleichbarkeit von Migrationsstudien lässt sich ebenso durch die wenig abgestimmte Struktur nationaler Verwaltungsbehörden, die allesamt eigene Besonderheiten im Meldewesen und unterschiedli-

che Nutzbarkeiten der Daten zulassen, erklären. Es existieren keine übereinstimmenden Definitionen der Begriffe „Rentner" und „Pensionär", gegenteilig treten nicht übereinstimmende Klassifikationen beziehungsweise Deutungsverschiedenheiten bei dem Begriff der „Immigranten" auf. So ist beispielsweise der Geburtsort oder der letzte Wohnort als Einteilungsmittel festgeschrieben, der Unstimmigkeiten bei der Alters- und Aufenthaltseingrenzung von Zuwanderern zur Folge hat. Weiterhin wollen und werden somit oft Betroffene nicht statistisch erfasst, da sie meinen es würden sich nach formaler Anmeldung mehr Nach- als Vorteile ergeben (KAISER 2011: 36f.). Hingegen ist zunächst die Aufenthaltsdauer eines Rentners in dem jeweils anderen EU-Land, in dem sich zur Ruhe gesetzt werden soll, ausschlaggebend. Beschränkt sich die Aufenthaltsdauer auf lediglich 3 Monate im EU-Land, so ist es in den meisten Ländern ausreichend einen gültigen Personalausweis oder Reisepass mit sich zu tragen, um sich ausweisen zu können. Eine Meldepflicht kann erst nach drei Monaten verbindlich angeordnet werden. Um sich einen weiteren Aufenthalt zu ermöglichen, sind ein dortiger umfassender Krankenversicherungsschutz und ein „annehmbares" Einkommen aus beliebiger Quelle für Rentner eine Bedingung. Nach fünf Jahren rechtmäßigem und ununterbrochenem Aufenthalts erlangt ein Rentner das „Daueraufenthaltsrecht" und ist anschließend befugt, sich im jeweiligen „Ruhesitzland" je nach Belieben aufzuhalten (Vgl. EUROPA.EU 2016: O.S). Trotz dieser allgemeinen EU-Rahmenvereinbarungen zögern viele Ruheständler sich anzumelden, da sie Nachteile durch Steuer- und Sozialversicherungssysteme sowie Rentenabzüge befürchten. Diese Existenzängste sind nicht unbegründet. Die saisonalen Ruhesitzmigranten sind leistungstechnisch im Vorteil gegenüber den Dauerresidenten, denn die Auszahlung der Auslandsrente ist abhängig von der gewöhnlichen Aufenthaltsdauer und von der Länge der Versicherungszeit (DEUTSCHE RENTENVERSICHERUNG 2016: o.S.). Auch bei der Pflege- und Krankenversicherung müssen sich Rentner im Fall eines dauerhaften Auslandsaufenthalts auf mögliche Umstellungen einstellen. So haben viele Rentner Angst vor der gesetzlichen, spanischen Krankenkasse, in die sie nach der Ummeldung eintreten müssten und versuchen diese zu umgehen. In Erfahrungsberichten hat sich zum Beispiel das Problem der langen Wartezeit, auch bei einer dringend erforderlichen ärztlichen Behandlung, offenbart.
Zudem wollen die Ruhesitzmigranten nicht auf ihren deutschen Führerschein verzichten. Abschreckend hier wirkt, dass nach der Registrierung eine spanische Variante erforderlich ist, mit der Zusatzbedingung des Unterziehens einer alle zwei Jahre stattfindenden Kontrolle (JANOSCHKA 2009:128). Infolge dieser Furcht vor finanzieller Benachteiligung und bürokratischem Stress verschweigen Rentner längere Aufenthalte oftmals. Dies hat große

Ungenauigkeiten und eine hohe Dunkelziffer bei der Datenerfassung und der Erstellung von Statistiken zur Folge. Durch die ungenaue, mitunter schwer voneinander zu trennenden Bezeichnungen der Begriffe „Tourist" und „Altersmigrant", ist außerdem eine klare, differenzierte Betrachtung nahezu unmöglich. Faktoren wie Alter und die Mindestaufenthaltsdauer können bei beiden Begriffen angewendet werden, überlagern sich und lassen keine eindeutige Abgrenzung zu (KAISER 2011: 37). Ein grenzenloses Europa, mit dem Gedanken einer unkomplizierten Lebensführung, lässt wohlhabenden Menschen einigen Spielraum, ihre Wohnsitze zu verlegen oder mehrere zu besitzen. Die damit einhergehende Bequemlichkeit sich nicht umzumelden, da diese Rentner noch im Heimatland registriert sind, erschwert die Erfassung und Vergleiche enorm und führt gezwungenermaßen zu Schätzungen. So müssten nach wissenschaftlichen Schätzungen die amtlich erhobenen Daten von lebensstilorientierten Migranten in Spanien nahezu verzweifacht oder auch verdreifacht werden, um sich der Realität anzunähern. Die Zahl der ausländischen Ruhesitzmigranten würde auf eineinhalb bis zwei Millionen Menschen ansteigen. Weiterhin ist die Rede von einer regelrechten Rentnerpendeldynamik. Die ältere Generation wechselt, über ein Jahr gesehen, zwischen zwei Wohnorten und konfrontiert somit das starre Meldewesen, das mit dieser neuen Form der Lebensführung nicht eindeutig vertraut ist. Der Umgang damit sowie die Abgrenzung ist kompliziert (JANOSCHKA 2009:127f.). Die aktuelle Ruhesitzforschung nutzt und ist zumeist ausgerichtet auf quantitative Statistiken. Ergänzt wird sie durch die qualitative Eigenschaft von einzelnen Interviews, um möglichst annähernd Ruhestandsauswanderer in ihren Eigenschaften, Erfahrungen und Absichten treffend zu beschreiben (HAAS 2015:33). Festzuhalten bleibt, dass neben der Einwanderung auch die Auswanderung aus den jeweiligen Herkunftsländern statistisch schwer zu erfassen ist. In der Regel geschieht dies nur durch die amtliche Abmeldung bei einer Behörde oder beim Grenzübertritt selbst. Es ist möglich dieses Prozedere zu umgehen, was verdeutlicht, dass ebenfalls keine vollkommene Eingrenzung vorliegt. Ergänzend dazu versucht die empirische Sozialforschung wiederholende Interviews durchzuführen, um genauere Informationen über Migrationsbewegungen zu erhalten (SAUER & ETTE 2007: 16).

4 Primärerhebungen als Basis der europäischen Migrationsforschung

Durch das Fehlen aussagekräftiger statistischer Daten europäischer Migration, und speziell von Ruhesitzmigration, erhoben Forscher eigene explorative Primärerhebungen. So wurden durch diese empirische Methode neue Daten erfasst, die zur ersten Klärung und

Strukturierung des Problemgebietes beitragen, um einen Überblick zu verschaffen und weitergehende Studien vorzubereiten. Ziele dieser Forschungsprojekte waren und sind die Ermittlung von Migrationsmustern, das Herausarbeiten soziodemographischer Charakteristika und die Analyse der Motivationen sowie Lebens- und Alltagserfahrungen (KAISER 2011: 37-39). Aber auch die Befragung zu Wanderungsmotiven, das Nachforschen der Kriterien bei der Zielgemeindenauswahl, sowie die Frage der Kriterien beim Kauf eines Immobilienobjekts können zum Thema der Zweitwohnsitzwahl gemacht und zum Beispiel durch qualitative Einzelinterviews abgefragt werden (SEIDL 2010:159-160). Da sich mit vermutlich zehn bis dreißig Prozent, wie bereits erläutert, nur eine geringe Anzahl der Ruhesitzmigranten in Spanien registrieren lassen, ist eine genaue Betrachtung der Zuwanderungsentwicklung äußerst schwierig und die hohe Dunkelziffer der Nichterfassten lässt nur das Aufstellen von Trends zu. So wird zum Beispiel aus den zur Verfügung stehenden spanischen Bevölkerungsstatistiken ersichtlich, dass Finanzkrisen, wie unter anderem die Eurokrise 2007, zu einer Abwanderung geführt haben, da eine Anzahl der Ruheständler einer höheren finanziellen Belastung ausgesetzt waren (HAAS 2015:36). Dennoch ist es aufgrund der problematischen Umstände notwendig, für jede nationale oder international vergleichende Studie von Ruhesitzmigration, verlässliche exakte Daten zu ermitteln und die Primärdaten zu sammeln. Allerdings muss im Durcheinander von sekundären Datenquellen zunächst überprüft werden, welche Daten in Ansätzen übernommen werden können. Je nach Ziel der Studie, wird Ausgewähltes als Grundlage beziehungsweise Vorlage angenommen, verarbeitet und folglich von Teilnehmern, Beobachtern und Informanten mithilfe von Tiefeninterviews, speziellen Fokusgruppen, Interviews und Fragebögen ergänzt, um einen größeren und breitgefächerten Überblick über das Untersuchungsgebiet zu erlangen. Werden verschiedene Studien und Verfahren in diesem speziellen Zusammenhang verwendet, so muss die Abhängigkeit der Ergebnisse durch vorcodierte Fragebögen mit offenem Ende beachtet werden, die möglicherweise ausführliche Interview-Daten nicht zulassen oder Meinungen nicht in vollem Umfang abbilden. Sprich die Aussagen nicht vollständig vor dem Hintergrund der Kontexteinordnung abbilden, obwohl sie mitunter für verschiedene Forschungsperspektiven, wie Motivationen für Migration, frühere berufliche Besonderheiten, Erfahrungen, Hintergründe und Folgen der Wanderungsdynamik ausgelegt sind und deshalb auch unterschiedliche Fragen stellen (KING, WARNES & WILLIAMS 1998: 96). Migrationsentscheidungen sind relativ schwierig zu rekonstruieren und Umfragen sind offen für die Probleme der Post-hoc-Rationalisierung. Es wird bewiesen, dass es bei einer Gruppe von Mittelwerten logischerweise signifikante Unterschiede gibt sowie vielfältige Motive und damit zusammenhängende Gründe dafür, aber nicht ausreichend aufgedeckt werden. Auch wenn es bei der Untersuchung nicht die Absicht ist, dieses Problem zu ignorieren, kann die Tatsache, dass verschiedenste Quellen zu Rate gezogen worden, zweifellos diese Erfassungsschwierigkeiten lindern. So sollte ein Fragebogen die Teilnehmer einer Studie auffordern, ihre Gründe tiefergehend darzulegen, warum die jeweilige Zielregion aufgesucht wurde, um mögliche Reaktionsmuster für die Beweggründe herauszufinden und Push- sowie Pullfaktoren deutlich sichtbar zu machen (KING, WARNES & WILLIAMS 1998: 100).

5   Grenzüberschreitende Altersmigration in Europa

Aufgrund des Datendilemmas ist eine quantitative Darbietung des Ausmaßes der Wanderungsbewegungen älterer Menschen in Europa beinahe unmöglich. Hingegen lassen sich mithilfe von Einzelstudien Tendenzen diesbezüglich erwägen. Laut aktuellem Kenntnisstand sind insbesondere die nord- und westeuropäischen Nationen mit Deutschland, Großbritannien und Skandinavien als Quellregionen und die süd- sowie südwesteuropäischen Regionen als Zielgebiete (siehe Abb. 2) zu verzeichnen. Bevorzugt werden küstennahe Gebiete. Besonderen Stellenwert wird den kanarischen und balearischen Inseln, der portugiesischen Algarve, der Toskana und Provence zugesprochen (siehe Abb. 3) (KAISER

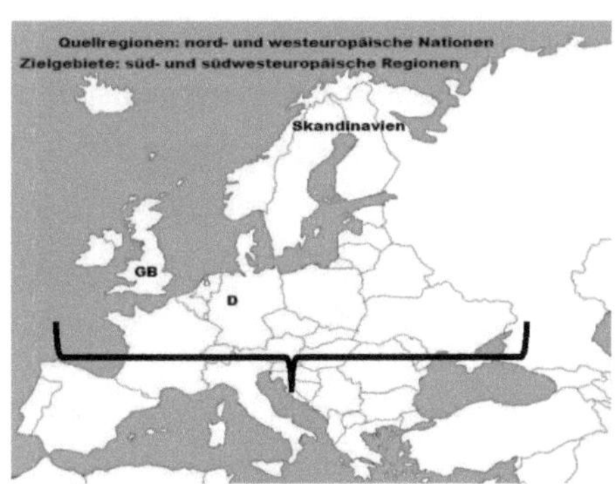

Abb. 2: Die Quell- und Zielregionen der europäischen Altersmigration.
(<http://medienwerkstatt-online.de/lws_wissen/bilder/2010-1.jpg> (Zugriff: 19.05.2016) eigene Hervorhebung).
2011: 39-40).

3: Bevorzugte Zielgebiete der Ruhesitzmigranten.
(<http://www.europakarte.org/img/europakarte-reiseziele.png> (Zugriff: 19.05.2016), eigene Hervorhebung).

WARNES (2004) gliederte die älteren wandernden Menschen Europas in zwei Hauptgruppen. Diese sehr heterogenen Gruppen sind sozioökonomisch gegensätzlich. Zu erkennen ist, dass zum einen die Nordeuropäer ihre Wohnstätten aufgeben um die südlichen Urlaubsregionen Europas aufzusuchen. Umgekehrt verweilen die südeuropäischen Arbeitsmigranten in Nordeuropa oder wandern in ihre Ursprungsländer zurück. Innerhalb dieser Hauptgruppen wird zudem eine Unterscheidung in drei Typen von Altersmigranten vorgenommen. Die family-oriented international retirement migrants geben ihre Wohnsitze in den jeweiligen Ursprungsländern auf und finden Anschluss bei bereits zuvor ausgewanderten Familienangehörigen. Die Migranten des zweiten Typus returning international labour migrants kehren in die Heimatländer zurück, die sogenannten Rückkehrer. Die vorliegende Seminararbeit wird den dritten Typus, die amenity-seeking international retirement migrants, thematisieren. Die Rede ist von annehmlichkeitsorientieren Ruhesitzmigranten mit der Motivation einer effektiveren Lebensqualität (HAAS 2015:15-16). Nach diesen einleitenden begrifflichen Anmerkungen soll im Nachfolgenden erläutert werden, was bezüglich der aktuellen Migrationsprozesse von Ruhesitzmigranten in Spanien bekannt ist. Auf Basis der im folgenden Unterkapitel thematisierten Rahmenbedingungen des gegenwärtigen Migrationsgeschehens, wird geklärt werden, inwieweit Senioren ihre Ruhesitze im Alter verbessern und umorganisieren. Es wird aufgezeigt werden, welche Auslöser und Beweggründe einen Wohnsitzwechsel begleiten und bedingen. Des Weiteren wird der Frage nachgegangen, welche Kenntnisse in den bisherigen Untersuchungen bezüglich der internationalen Ruhesitzmigration errungen werden konnten. Diese Aspekte werden in den nachfolgenden Unterpunkten betrachtet.

5.1   Rahmenbedingungen des gegenwärtigen Migrationsgeschehens

Das Migrationsgeschehen wird bedingt durch politische, gesellschaftliche sowie wirtschaftliche Rahmenbedingungen. Die grundlegenden Voraussetzungen des umweltgunstorientieren Migrationsgeschehens sind Faktoren wie zum Beispiel politische Beständigkeit, Rechtssicherheit, Freizügigkeit, finanzieller Besitz, sowie erneuerte Informations- und Verkehrsmethoden. Diese Fachausdrücke lassen sich vereinen als Europäische Integration sowie als Sozialer – und Technologischer Wandel (KAISER 2011: 103-104). Die Europäische Integration, insbesondere das Zusammenwachsen der EU-Mitgliedsländer, üben starken Einfluss. Die räumliche Zunahme von Austauschprozessen in der EU wird begünstigt durch die Zusammenarbeit und das Miteinander in der Außen- und Sicherheitspolitik. Die Einführung des Euro als einheitliche Währung bewirkte das

Wahrnehmen der Integration in der Bevölkerung. Die zunehmende Popularisierung der Ruhesitzwanderung und das Erwerben von Immobilien im Ausland in Spanien sind stark verknüpft mit dem Zusammenwachsen der EU. Der Maastrichter Vertrag von 1992 weitete das Gesetz der Freizügigkeit auf die Rentner aus. So sind ebenso Rentner seit 1992 befugt, sich im Raum der Europäischen Union frei zu bewegen (HAAS 2015:54-56). Des Weiteren besteht mit Vorlage eines gültigen Reisepasses die Möglichkeit permanent oder nur zeitweise zu immigrieren. Lediglich ein Eintrag in das Bevölkerungsregister ist notwendig. Zudem fördern Harmonisierungen die Austausch- und Migrationsprozesse. Die Harmonisierungs- und Integrationsmaßnahmen bewirken, dass die nationalen Unterschiede verstärkend schrumpfen. Inzwischen genießen die EU-Bürger einen bevorzugteren Status als Angehörige von Drittstaaten und sind den Bürgern eines Aufnahmelandes nicht unterlegen (KAISER 2011: 105).

Trotz der divergierenden Maßnahmen fällt es älteren Migranten, aufgrund bestehender sprachlicher, kultureller und politischer Verschiedenheit, teilweise sehr schwer sich in die Gesellschaft einzugliedern. Die Integration ist trotz genannter begünstigter Bedingungen problematisch. Fehlende Austauschprozesse zum Beispiel lassen nicht zu, dass Dialoge geführt werden können, sodass mögliche Vorbehalte der spanischen Bevölkerung und negative Assoziationen bezüglich der Ruhesitzmigranten, nicht bereinigt werden können und Konflikte, Isolation und Parallelgesellschaften als Folge nicht abwegig sind.

Der soziale Wandel hat einen entscheidenden Anteil zur Entstehung des transnationalen Migrationssystems beigesteuert. Die Modernisierungsprozesse haben Veränderungen in der Gesellschaft bezüglich deren Sozialstruktur und den Institutionen bewirkt. Die kapitalistisch-liberale Marktwirtschaft hat einen enorm angestiegenen Lebensstandard der Leistungs- und Wohlstandsgesellschaft bewirkt. Dieser ist gepaart mit großer sozialer Sicherheit für die Mehrheit der Bevölkerung. Die Herausbildung der „Mittelstandsgesellschaft", der unterrichteten und vermögenden Mittelschicht, wurde gefördert infolge der Technisierung und Verwissenschaftlichung. Die Expansion infolge von Bildung sowie die Tertiärisierung werden als Folge beziehungsweise Begleiterscheinung der umgeschichteten Sozialstruktur in niedere und höhere Posten verstanden. Die Gesellschaft des Aufstiegs ist somit gekennzeichnet durch Pluralisierung und Fragmentierung (Vgl. KAISER 2011: 106-108).

Die allgemeinen Rahmenbedingungen beinhalten neben der europäischen Integration und dem sozialen Wandel, den dritten Typus, den technologischen Wandel. Mittels des technischen Fortschritts konnten die Räume überwunden werden. Die Insel Mallorca und insbesondere der dort blühende Tourismus profitierte in den letzten Jahren, da der Luftweg die bestimmende

Position einnahm. Die Flugverbindungen sind, infolge des Wettbewerbs, preiswerter und zügiger geworden. Der Personen- und Gütertransport wurde ausgeweitet. Eine besagende Revolution erzielte die Technologie der Datenübertragung (Vgl. KAISER 2011: 108f.). Die Distanzen der Überwindung von Daten wurde enorm erleichtert und minimiert. So dient das Internet neben der Information und ständigen Erreichbarkeit als Kommunikationsplattform. Die Senioren haben mittlerweile am vernetzten Leben teil, da der Anteil an Computern, Internet und Smartphones auch bei Rentnern zugenommen hat infolge der Globalisierung. Die aufkommenden Medien und Technologien sind somit allenfalls eine Bereicherung des Altersmigrationsprozesses (HAAS 2015:66-68).

5.2   Zusammensetzung der Altersmigranten

Die Ruhesitzmigration, die transnationale Züge annimmt, repräsentiert eine mehr denn je ernstzunehmende Bevölkerungsgruppe innerhalb der Gesellschaft. Zu beobachten ist, dass die Rentner vermehrt pluri-lokal verortet sind. Herausgebildet hat sich diese Entwicklung mit Beginn der Globalisierung. Sowie der sich fortlaufend erneuernden Transport-, Informations- und Kommunikationstechniken. Als Exempel sind beispielsweise die „Schwalben" anzuführen. Die Überwinterer zeichnen sich durch einen Wohnortwechsel mit den Jahreszeiten aus. So werden mit Beginn der Wintermonate die nationalen Grenzen überschritten und im angenehmen Süden verbracht. In den Sommermonaten wird die Heimat aufgesucht (Vgl. SCHNEIDER 2010:6). Die Personen, die an den Ruhesitzwanderungen gen Spanien aktiv beteiligt sind, sind vorwiegend verheiratete Paare der Altersphase zwischen 50 bis 65 Jahren. Viele Migranten sind zudem Hausbesitzer. Mit der Migration werden die Immobilien in den Quellregionen verkauft oder bei ausreichend Eigenkapital ein Zweitwohnsitz eingerichtet. Befragungen, die in Spanien durchgeführt wurden, ergaben, dass sich die deutschen Ruhesitzmigranten weniger als 27 Wochen pro Jahr in den spanischen Gebieten aufhalten. Dabei ist ausschlaggebend, dass 68% der Befragten weiterhin den deutschen Wohnsitz aufrechterhalten und somit je nach Saison migrieren (SAUER & ETTE 2007: 67). Die jung verrenteten Senioren des dritten Alters, zumeist gehobenen Ranges, zeichnen sich durch ein leicht überdurchschnittliches Bildungsniveau aus. Von den 56,7% der an der Costa Blanca interviewten Hauseigentümer besitzen 14,4% einen Realschulabschluss, ein Abitur beziehungsweise die Fachhochschulreife. Nennenswert ist ebenso, dass gar 21,2% einen Universitäts- oder Fachhochschulabschluss innehaben. 37,5% der befragten Ruhesitzmigranten gaben an, Angestellte zu sein. Weitere 32,7% verselbstständigten sich als beispielsweise Apotheker oder Bauunternehmer. Von den Senioren mit saisonalem Wohnsitz und einer Aufenthaltsdauer von weniger als sechs Monaten in Spanien, gaben 40,9% der

Personen an, Angestellte und 38,6% Selbstständig gewesen zu sein. Zusammenfassend ist festzustellen, dass von den Ruhesitzmigranten, mit derzeitigem Wohnsitz in Mallorca, eine außerordentliche Anzahl die Selbstständigkeit aufsuchte beziehungsweise Beamter oder Angestellter mit Qualifikation war. Trotzdem stellen die nach Spanien emigrierten Senioren keine homogene gesellschaftliche Gruppe dar. Beträchtliche Gegensätze werden sichtbar im Mobilitätsverhalten, der Migrationsentscheidung sowie der Ortsauswahl oder den individuellen Migrationsmotiven (KAISER 2011: 36-39). Der Facettenreichtum des Ruhesitzmigrationsphänomens spiegelt sich in verschiedenen Kriterien wider. So können der Raum, die Zeit, das Motiv und die Dimension verwendet werden, um Ruhesitzwanderungen und die teilnehmenden Akteure zu typologisieren (SCHNEIDER 2010:6).

6 Spanien als Untersuchungsregion

Zahlreiche ältere Ehepaare aus Nord- und Mitteleuropa haben sich in Spanien ein Appartement oder eine Villa in komfortabler Lage zur Nahversorgung gemietet oder gekauft. In der vorliegenden Seminararbeit wird Spanien, insbesondere Mallorca, als Forschungsregion thematisiert. Für die Analyse der Ruhesitzmigration nimmt das vielseitige Spanien eine gesonderte Position ein. Spanien ist laut O'REILLY (2000a) ein bedeutenderes Zielgebiet als Italien, Frankreich oder Portugal. Die Ruhesitzmigranten suchen, ähnlich der anderen Mittelmeerstandorte, einen küstennahen Ruhesitz auf. Dabei werden die Küstenregionen der Costa del Sol und Costa Brava, sowie die Kanaren und Balearen bevorzugt besiedelt. Die größte Insel der Balearen, Mallorca, ist bei den deutschen Ruhesitzmigranten sehr beliebt und attraktiv zugleich. Die mallorquinische Volkszählung registrierte 2001 fast 10.000 in Mallorca lebende Ruhesitzmigranten aus Deutschland. Das Einwohnermelderegister (Padrón Municipal de Habitantes), das die Gemeindebewohner mit ihren persönlichen Informationen listet, weist 22.000 aus Deutschland stammende Senioren auf (KAISER 2011: 92-93). Würden die sich nicht registrierenden Dauerresidenten berücksichtigt und in diese Schätzungen mit integriert werden, so gehen Schätzungen 1997 von bereits 50.000 auf der spanischen Insel lebenden Deutschen aus. Die spanische Insel weist, ebenso wie die zahlreichen Ruhesitzmigranten, eine erhöhte Heterogenität auf. Diese kristallisierte sich infolge der vergleichsweise lange anhaltenden touristischen Tradition heraus. Mit dem 19. Jahrhundert kamen erste englische Pensionäre zum Überwintern nach Mallorca, vor allem nach Palma und deren Umgebung, und verließen ihr Stammrevier, die französische Riviera, die ihnen zu teuer und exklusiv geworden war. Die Einheimischen vermieteten ihre Ferienhäuser an die Rentner. Die Altersruhesitzmigranten in Palma nahmen ab 1925 immer stärker zu. So wurden in El Terreno unter Anderem englische Klubs gebaut sowie deutsche, englische und französische Wochenzeitungen zur Verfügung gestellt (KNAUSS 2005: 59f.). Die Anzahl der an Flugreisen interessierten Bevölkerung, insbesondere auf die Insel Mallorca, nimmt stetig zu. Zuletzt wurden jährlich drei Millionen Flugreisende auf die mallorquinische Insel registriert. Die einheimische Fremdenverkehrsbehörde versucht in Zusammenarbeit mit den Hotels, das „Überleben" der Tourismusbranche auch im Winter zu gewährleisten, indem spezielle Sonderaktionen, wie zum Beispiel „Überwinterungsangebote für Senioren" angeboten werden. So soll eine Auslastung der Hotelkapazitäten gewährleistet werden. (KNAUSS 2005: 64). Mallorca ist anderen Zielgebieten Spaniens, zum Beispiel der Costa Blanca beziehungsweise der Costa del Sol, sehr ähnlich und somit prototypisch. Demgegenüber zeigt Mallorca Eigenarten auf, die dem Exempel eine Besonderheit verleihen. Somit erlangt Mallorca infolge des Inselcharakters und der Anwesenheit von deutschen Prominenten auf der Insel eine Sonderstellung (Vgl. KAISER 2011: 92-93). Die im Rahmen dieser Hausarbeit verwendeten Statistiken und Daten entstammen und stützen sich auf die Erkenntnisse von 360 teilstandardisierten Befragungen in Haushalten, 15 problemzentrierten Interviewgesprächen sowie zwölf Expertengesprächen (HAAS 2015:82).

6.1 Migrationsentscheidung und Auswanderungsmotive

Immer mehr Rentner sehnen sich nach der Ferne, und treffen die Entscheidung der Migration, weg von ihrem Heimatland. Gründe beziehungsweise Motive sind dabei so unterschiedlich wie die Zielregionen, die sie bedingen. Mit der Wanderung nach Mallorca wird zweifellos eine nationale Grenze von Deutschland nach Spanien überschritten. Die Qualität dieser Grenze hat sich mit dem Integrationsprozess innerhalb der Europäischen Union, in den vergangenen Jahrzehnten, deutlich gewandelt. Das EU-Recht der „Freizügigkeit" garantiert zum einen die freie Entscheidung der Wohn- und Standortwahl. Demzufolge ist der Integrationsprozess mit erheblichen Erleichterungen bei der Ein- und Ausreise verbunden. Zum anderen wird die Übertragbarkeit der Sozialleistungen über Grenzen hinweg postuliert. So gestalten beispielsweise Vertragsrenten, einen unkomplizierten Standortwechsel für ältere Menschen und tragen positiv zur Migrationsentscheidung bei. Allein in Deutschland wurden im Jahr 2013 nach Angaben der Deutschen Rentenversicherung 220. 000 Renten an ältere Ruheständler gezahlt, die ihren Wohnsitz außerhalb Deutschlands hatten (DEUTSCHE RENTENVERSICHERUNG 2016: o.S.). Die Tendenz ist steigend, denn diese Zahl hat sich in den letzten 20 Jahren verdoppelt (ÖCHSNER 2014: o.S.). Zudem sind die EU-Ausländer durch das

Europarecht oder durch binationale Abkommen in vielen Aspekten den Einheimischen gleichgestellt. So beispielsweise beim Grundstückserwerb, im Steuer- oder Gesundheitssystem. Zweitens wird den Migranten, wie auch den Touristen, die Grenzüberschreitung auf einer symbolischen und alltagspraktischen Ebene zunehmend weniger deutlich aufgrund der weltweit immer stärker werdenden kulturellen und kommerziellen Angleichung. Diese wird besonders augenscheinlich auf den internationalen Flughäfen, aber auch in den größeren Städten (McDonaldisierung) (Vgl.WIESE 2001:6). Durch qualitative Forschung, wie Tiefeninterviews, wurde ersichtlich, dass neben offensichtlich, von außen erkennbaren Gründen, auch tiefergehende, individuelle, direkte und indirekte Ursachen dazu führten, Mallorca als Ruhesitz zu nutzen. Neben Ehescheidungen und neuen Partnerschaften werden auch Erbschaften als prägende Motive angesehen, die die Auswanderung erst ermöglichten und genaue Vorstellungen darüber zugelassen haben. Zudem wird die Entscheidung, nach Mallorca zu migrieren, als ein Aufbruch angesehen und mit Neuartigem verbunden (KAISER 2002:230). Die Motive, nach Mallorca zu migrieren, sind vielzählig. Die politische Zugehörigkeit der südeuropäischen Länder zur Europäischen Union bewirkt eine beständige wirtschaftliche sowie juristische Zusammenführung und die sozialpolitische Annäherung. Die innereuropäischen Wanderungsbewegungen werden infolge dessen stark erleichtert. Gegenüber dem westlichen und nördlichen Europa sowie den dortigen Agglomerationsräumen spiegeln sich wirtschaftliche Vorteile in dem kostengünstigeren Preisniveau bezüglich der Lebenshaltungskosten und den Immobilienpreisen wieder. Dies ist ein besonders attraktives Motiv für die Dauerresidenten, wohingegen zu bemerken ist, dass die Lebenshaltungskosten auf den Balearen und insbesondere in Mallorca teilweise den Deutschen sehr gleichwertig sind. Dieses Motiv tritt allmählich in den Hintergrund, da sich das Preisniveau dem west- und nordeuropäischen Lebensstandard angleicht. Milde, weniger kalte Winter mit Tagestemperaturen von 15 bis 20 Grad, über 300 Sonnentage im Jahr in Verbindung mit reizvollen naturräumlichen Besonderheiten und Abwechslung, wie beispielsweise Berge und die Nähe zum Meer, sind ein Grund für Pensionäre, um nach Spanien auszuwandern. Durch diese günstigen mediterranen Klimabedingungen kann auch dem Gartenbau nachgegangen werden. Das Motiv des mediterraneren Klimas ist das häufigste genannte Migrationsmotiv und zugleich das zwiespältigste. Die positive Wirkung des wärmeren Klimas geht auf die hohe Sonnenscheindauer zurück und ist insbesondere für Long-Stay-Tourists das aussagekräftigste Argument. Die höheren Wintertemperaturen erzielen eine gute Wirkung auf die Gesundheit der älteren Menschen. Diese wird positiv beeinflusst, unter anderem durch die Luft in Küsten- und Bergregionen, die nicht umsonst in der Vergangenheit auch schon oft als Kurorte aufgesucht wurden. Aber auch rheumatische Beschwerden, Allergien und Herz- und Kreislaufprobleme können in den wärmeren Küstenregionen Spaniens spürbar gelindert werden und werden von Ärzten empfohlen. Des weiteren ist eine nach außen orientierte Freizeitgestaltung von großer Besonderheit. So werden vielmals gemeinsame Aktivitäten unternommen, wie zum Beispiel gemeinsame Wanderungen und andere sportliche Aktivitäten. Viele Altersmigranten sind im Vergleich zu ihrem Heimatland der Meinung, dass die Menschen in Spanien geprägt sind von Freundlichkeit, einen gesünderen und fitteren Lebensstil leben und ein entspannteres Lebenstempo herrscht. (ANTHIAS & LAZARIDIS 2000: 230f.). Rechtliche Rahmenbedingungen, wirtschaftliche Verflechtungen und ein geringer bürokratischer Aufwand, sein Aufenthaltsland zu wechseln, ermöglichen in der EU transnationale Mobilität. Aber auch andere gesellschaftspolitische Veränderungen in Europa, wie die gestiegene persönliche Selbstverwirklichung, anhaltender Frieden, individuelle Auslandsaufenthalte und Erfahrungen, sowie die zunehmende Europäisierung vereinfachen den Wohnortswechsel (JANOSCHKA 2009:129-131).

6.2 Entwicklungen und Auswirkungen der Ruhesitzmigration auf Mallorca

Die Aufenthaltsdauer der Deutschen auf Mallorca variiert dem Alter entsprechend. Je älter der Ruhesitzmigrant, desto weniger Monate verbringt dieser statistisch gesehen auf Mallorca. So verweilt die Gruppe der 60-69-jährigen im Durchschnitt einen Monat länger auf der Insel, als die Gruppe der über 80-jährigen, die lediglich 8,5 Monate auf Mallorca leben. Aus der quantitativen Forschung geht ebenso hervor, dass etwa ein Drittel der Ruhesitzmigranten den deutschen Wohnsitz aufgegeben hat. Weiterhin ergibt sich ein Zusammenhang zwischen der Aufenthaltsdauer und der Bindung zur Heimat. Verbringt ein Deutscher mehr Zeit auf Mallorca, so steigt die Wahrscheinlichkeit, dass er in Zukunft seinen deutschen Wohnsitz aufgibt. Ebenso möglich ist, dass die auf Mallorca lebenden Deutschen zuhause bei ihren Familien gemeldet sind, aber vor Ort keine ausreichenden Wohnbedingungen vorzufinden sind (KAISER 2002:230f.). Welche Entwicklungen und Auswirkungen die Ruhesitzmigration aktuell vorweist und künftig nehmen wird, wird in diesem Kapitel geklärt werden. Zunächst wird auf die heimische, spanische Gesellschaft und auf die älteren Migranten selbst eingegangen. Abschließend werden die Wohnverhältnisse thematisiert.

6.2.1 Auswirkungen der Altersmigranten auf die Aufnahmegesellschaften

Mit der zunehmenden Zweitwohnsitzwahl auf Mallorca gehen zunehmend negative Folgen einher. So stieg die Zahl der Nichtspanier mit Zeitwohnsitz auf der Baleareninsel um 1995 bereits auf 58.000 Menschen an (darunter ebenso Ruhesitzmigranten), wovon die Hälfte sogar dauerhaft dort lebte. Umweltzerstörung und -belastung, ansteigende Grundstückspreise sind die Folgen und als verheerendes Produkt von beiden entsteht „Aversion", sprich die Abneigung, Ablehnung und Antipathie, die die einheimische Bevölkerung dem Zweitwohnungstourismus entgegenbringt (SCHILDT & SIEGFRIED 2009: 503). Dies sollte nicht mit dem Erlebnistourismus verwechselt werden, der von tausenden Deutschen im Sommer für ein ein bis zwei Wochen regelrecht zelebriert wird. Positiv können umso mehr die Ausführung freiwilliger, helfender Dienste und Ehrenämter dieser Voreingenommenheit entgegenwirken. Aus dem Blickwinkel der Wirtschaft ist die Ruhesitzmigration und der Tourismus eine Bereicherung, da ein großer Umsatz erzielt wird und die Kaufkraft der Baleareninsel steigt. Anzumerken ist, dass keine Konkurrenz zwischen dem Tourismus und der einheimischen Landwirtschaft besteht, da die für den Tourismus interessanten Bauflächen landwirtschaftlich kaum nutzbar sind. Zudem stellt der tertiäre Sektor den führenden Wirtschaftsbereich, in dem über 75 % der Beschäftigten arbeiten, dar (KNAUSS 2005:64). Dieses Beschäftigungsverhältnis wird in Zukunft problematisch, da die Ruhesitzmigranten altern und ein Grad an Pflege sowie ausgebildetem Person notwendig werden wird.

6.2.2 Auswirkungen auf das Leben der Altersmigranten

Älteren Migranten fällt es schwerer sich in die Gesellschaft einzugliedern und zu integrieren, da ihnen gewisse Verbindungskanäle zu Einheimischen fehlen. Die Integration ist problematisch, da alltägliche berufsbedingte Kontakte, aber beispielsweise auch die potentielle Einbindung von Kindern, die eine ortsansässige Schule besuchen, fehlen. So bleibt ein möglicher Austausch mit spanischen Eltern aus. Allerdings stellt sich die Frage, ob ein „normatives Konzept" der Eingliederung, wie es zum Beispiel bei Arbeitsmigranten zum Tragen kommt, notwendig ist, da eine soziale Benachteiligung oder Ausgrenzung bei Ruhesitzmigranten nicht vorliegen. Für die Ruhesitzmigranten beschränkt sich der Integrationsbegriff vielmehr darauf, dass sie in ihrem alltäglichen Leben mit den Einheimischen einen positiven Umgang geben und erfahren (Vgl. BUCK 2005:128). Mögliche Auseinandersetzungen ergeben sich nicht, wenn ältere, eingewanderte Akteure nicht auf die einheimische Bevölkerung zugehen. Ob so nicht gleichzeitig gesellschaftliche Diskrepanzen hervorgerufen werden steht allerdings zur Diskussion.

Ältere Deutsche in Spanien haben mehrheitlich den mediterranen, zweiteiligen Tagesrhythmus angenommen. Dies verdeutlicht die „partielle Annahme" des spanischen Lebensstils. Außerhäusliche Tätigkeiten sind dabei auch Restaurantbesuche und besonders das Einkaufen. Es ermöglicht gesellschaftliche Teilhabe und gibt durch standardisierte beziehungsweise vorrausehbare Interaktionen Sicherheit, Kontrolle und insgesamt ein „positives, sinnstiftendes Gefühl". Dieses selbststärkende Erleben der Person-Umwelt-Beziehung wird erhöht durch das Nutzen eines PKWs, der den Ruhesitzmigranten eine gewisse Autonomie verschafft (Vgl. BUCK 2005:128-129). Viele ältere Ehepaare aus Nord- und Mitteleuropa haben sich in Spanien ein Appartement oder eine Villa in komfortabler Lage zur Nahversorgung gemietet oder gekauft. Werden ihnen dortige, alltägliche Unternehmungen zur Routine und langweilig oder sie fühlen sich isoliert, so treten sie Clubs und sozialen Gruppen bei, um neue Kontakte zu knüpfen. Allerdings werden hauptsächlich Kontakte zu gleichgesinnten, Altersmigranten geknüpft. So gestalten sie gemeinsame Aktivitäten, wie z.B. Theater-, Spiele-, Gesangs- oder oder Tanzabende (O'REILLY 2000b:230f.).

6.2.3 Auswirkungen der Altersmigranten auf die Wohnstruktur und -verhältnisse

Die Verteilung der Miet- und Besitzverhältnisse von Immobilien auf Mallorca ist durch zwei wesentliche Merkmale gekennzeichnet, die aus der Forschung durch Frau Kaiser beruhen. Es muss dabei beachtet werden, dass es sich um Prozent- und Mengenangaben einer nur sehr kleinen Bevölkerungsgruppe handelt und die Ergebnisse lediglich einen Trend wiederspiegeln können. Zum einen ist auffällig, dass mit fortlaufendem Alter das Verhältnis der Nutzung zwischen Miet- und Eigentumswohnung relativ konstant bleibt bei 20 zu 80 Prozent. Eindeutig ist, dass sich die Lage des Wohnsitzes dynamisch zum Alter verhält. So ist die Quote der auf dem Land lebenden deutschen Ruhesitzmigranten mit zunehmenden Alter rückläufig. Im Gegensatz dazu nimmt die Quote, der im Siedlungskern lebenden deutschen Ruheständler, zu (siehe Abb.4).

Tab. 2: Art, Besitzverhältnisse und Lage des Wohnsitzes auf Mallorca in Prozent

	Gesamt	Altersklassen				Aufenthaltsdauer		
		<= 59	60-69	70-79	>= 80	3-6 M.	7-10 M.	11-12 M.
Wohnsitz auf Mallorca (n=352)								
Einzelhaus/Villa	36,1	45,6	34,2	35,2	20,8	22,1	33,3	49,7
Doppel-/Reihenhaus	12,5	8,9	17,1	11,0	0,0	16,8	11,1	9,0
Wohnung	51,4	45,5	48,7	53,8	79,2	61,1	55,6	41,4
Besitzverhältnisse Wohnsitz Mallorca (n=344)								
Eigentum	84,9	80,5	89,1	83,0	78,3	89,1	94,1	77,6
Miete	15,1	19,5	10,9	17,0	21,7	10,9	5,9	22,4
Lage des Wohnsitzes (n=333)								
Urbanisation	28,8	32,4	32,9	23,0	13,0	34,6	29,4	22,2
Siedlungskern	42,9	32,4	42,3	48,3	60,9	43,1	41,2	43,7
Rand einer Siedlung	16,2	20,3	12,1	18,4	21,7	14,2	16,2	17,8
auf dem Land	12,0	14,9	12,8	10,3	4,3	7,9	13,2	16,3

Quelle: eigene Erhebung 3/2000.

Abb. 4: Besitzverhältnisse und Lage des Wohnsitzes auf Mallorca.

(aus: KAISER 2002:232).

Begründen lässt sich dies aller Wahrscheinlichkeit nach mit der abnehmenden Mobilität im Alter und der demzufolge notwendiger werdenden Nachfrage einer schnelleren und besseren ärztlichen Versorgung und einer stärkeren, sozialen Teilhabe, die im Stadtkern effektiver, als im Vergleich zu einer ländlichen Region, gegeben ist. Bewusst ist auch, dass der Wunsch nach einer eigenen Immobilie durch die Altersvorsorge an Motivation erfährt, verbunden mit dem gesteigerten Engagement, das jeweilige Eigentum zu pflegen und eine stärkere Bindung zum Wohnsitz herzustellen (KAISER 2002:232).

Zur Herausforderung wird zudem die Verschiebung der Bedürfnisse im Alter werden. Mit dem Alter steigt die Krankheits- und Verletzungsanfälligkeit der Ruhesitzmigranten und somit die Abhängigkeit von ärztlicher Versorgung, ausreichender Bereitstellung von Pflege und altersgerechtem Wohnen im Zuhause selbst. Ist Mallorca der einzige verbliebene Wohnsitz, so kann dies schnell zu einem ernsthaften Problem werden, denn typische, bauliche, mallorquinische Besonderheiten, wie lange Treppenaufgänge an Berghängen, Appartementblocks ohne Aufzug, schwer zu erreichende Fincas und instabile, von Diskontinuität gekennzeichnete, soziale Netze sind kaum zu ändernde und belastende Hürden. Verschlimmert wird die Lage zusätzlich, wenn beispielsweise der Lebenspartner verstirbt, der zuvor der Pflegende war. Isolation beziehungsweise soziale Verkümmerung werden dann schnell zur Gefahr. Im Gegensatz zu Deutschland besteht auch ein erheblicher Unterschied zwischen dem spanischen und deutschen Pflegesystem. In Spanien ist es weniger professionell strukturiert, eher gekennzeichnet von traditioneller, häuslicher, familiärer Pflege. Altenheime erfüllen bisher nicht die deutschen Standards bezüglich der Pflege von älteren und chronisch kranken Menschen. Außerdem existieren in Spanien keine staatlichen ausgebildeten Krankenpfleger (KAISER 2002:235f.). Verständigungsprobleme zwischen auf die Pflege angewiesenen Deutschen und dem einheimischen Personal, sind vorprogrammiert.

7 Fazit

Ziel dieser vorliegenden Seminararbeit war es, die bis dato weniger bekannte transnationale Ruhesitzmigration innerhalb Europas überblicksartig aufzuzeigen. Der Beantwortung der eingangs formulierten Forschungsfragen wurde eine einleitende Begriffsklärung der Ruhesitzmigration vorangestellt. Der aktuelle Forschungsstand der Migrationsforschung wurde dargelegt und es wurden die Schwierigkeiten der Datenerfassung erläutert. Da keine vollständigen Datensätze vorhanden beziehungsweise abrufbar sind, mit denen die Ruhesitzmigration allumfassend analysiert und thematisiert werden kann, wurde anhand der Primärerhebungen sichtbar, dass verschiedene Statistiken und Befragungsergebnisse notwendig sind, um einen Einblick in das Gefüge und die Entwicklung dieser Wanderungsbewegungen zu erhalten. Dem ist hinzuzufügen, dass die Ruhesitzmigration kein europäisches Einzelphänomen darstellt, sondern die Forschungsergebnisse, abhängig vom jeweiligen Zielgebiet, beispielsweise der USA, in umfangreicherem Maß vorhanden sind. Aufbauend auf die aufgeführten Rahmenbedingungen, wurde die Untersuchungsregion Spanien, spezifischer Mallorca, unter dem Schwerpunkt der Zusammensetzung der Altersmigranten, der Migrationsentscheidung sowie den Auswanderungsmotiven.

Literatur

ANTHIAS, F. & G. LAZARIDIS (2000): Gender and Migration in Southern Europe: Women on the Move. Bloomsbury Academic.

BUCK, C. (2005): Zweit- und Alterswohnsitze von Deutschen an der Costa Blanca. Räumliche Identifikation und soziale Netzwerke im höheren Erwachsenenalter am Beispiel der Gemeinde Els Poblets. Halle: Universität Halle.

CZYCHOLL, H. (2014): Die Fallstricke für den Ruhestand im Ausland. - Die Welt, <http://www.welt.de/finanzen/altersvorsorge/article127162571/Die-Fallstricke-fuer-den-Ruhestand-im-Ausland.html> (Stand: 2014) (Zugriff: 24.07.2016).

DEUTSCHE RENTENVERSICHERUNG (2016): Rentenansprüche bei Verzug ins Ausland. - <http://www.deutscherentenversicherung.de/%20%0B%20Allgemein/de/Inhalt/

Allgemeines/FAQ/International/%20%20%20%20%0B%20%20%20%20%

20%20%20%20%0B%20%20%20%20%20rentenansprueche_bei_verzug_ins_

ausland/00_faq_liste_rentenansprueche_verzug_ins_ausland.ht%0B%20%20%20

%20ml> (Zugriff: 10.07.2016).

EUROPA.EU (2016): Aufenthaltsrechte von Erwerbstätigen und Rentnern. <http://europa.eu/youreurope/citizens/residence/worker-pensioner/rights-conditions/index_de.htm> (Stand: 05.04.2016) (Zugriff: 10.07.2016).

HAAS, R.-H. (2015): Neue Formen des Alter(n)s: Internationale Ruhesitzmigration und transnationale Netzwerke deutscher Ruheständler in Denia. München.

JANOSCHKA, M. (2009): Konstruktion europäischer Identitäten in räumlich-politischen Konflikten. Stuttgart: Franz Steiner Verlag.

KAISER, C. (2002): Ruhesitzmigration und wandelnde Ansprüche an das Lebensumfeld. In: SCHLAG, B. & K. MEGEL (Hrsg.): Mobilität und Gesellschaftliche Partizipation im Alter. Schriftenreihe des Bundesministeriums für Familie, Senioren, Frauen und Jugend, Band 230. Kohlhammer Verlag, Stuttgart.

KAISER, C. (2011): Transnationale Altersmigration in Europa. Sozialgeographische und gerontologische Perspektiven. Wiesbaden: VS Verlag für Sozialwissenschaften.

KING, R., WARNES, A.M. & A.M WILLIAMS (1998): International Retirement Migration in Europe. In: International Journal of Population Geography Int. J. Popul, 4, 1998, 91-111.

KNAUSS, J. (2005): Mallorca. Eine kleine historisch-geographische Landeskunde. Crimmitschau: Eigenverlag.

LESER, H. (Hrsg.) (2014^{15}): Diercke Wörterbuch Geographie. Braunschweig: Westermann Verlag.

MOSS, L.A. (2006): The Amenity Migrants. Seeking and Sustaining Mountains and their Cultures. Wallingford: Cabi.

O'REILLY, K. (2000a): The British on the Costa del Sol - Transnational Identities and Local Communites. London, New York: Routledge.

O'REILLY, K. (2000b): Trading intimacy for liberty. British women on the Costa del Sol. In: Gender and migration in southern Europe. women on the move. – Mediterranea series. Oxford: Berg, S. 227-248.

ÖCHSNER, T. (2014): Deutsche Rentner zieht es ins Ausland. - <http://www.sueddeutsche.de/geld/ruhestand-deutsche-rentner-zieht-es-ins-ausland-1.2008473> (Stand: 2014) (Zugriff: 13.07.2016).

SAUER, L. & A. ETTE (2007): Auswanderung aus Deutschland. Stand der Forschung und erste Ergebnisse zur internationalen Migration deutscher Staatsbürger. – Bundesinstitut für Bevölkerungsforschung beim Statistischen Bundesamt 2007, 123, <https://www.bib-demografie.de/SharedDocs/Publikationen/DE/Materialien/123.pdf?__blob=publication File&v=4> (Zugriff: 07.06.2016).

SCHILDT, A & D. SIEGFRIED (2009): Deutsche Kulturgeschichte. Die Bundesrepublik – 1945 bis zur Gegenwart. Bonn: Bundeszentrale für politische Bildung.

BEI GRIN MACHT SICH IHR WISSEN BEZAHLT

- Wir veröffentlichen Ihre Hausarbeit,
  Bachelor- und Masterarbeit

- Ihr eigenes eBook und Buch -
  weltweit in allen wichtigen Shops

- Verdienen Sie an jedem Verkauf

Jetzt bei www.GRIN.com hochladen
und kostenlos publizieren